Giampietro Lanzanova

Allocco

Strix aluco

Le foto di questo libro sono state scattate da Francesco Lanzanova e Giampietro Lanzanova nelle campagne della provincia di Latina.

Introduzione

L'Allocco è un bellissimo rapace notturno piuttosto diffuso. E' abbastanza grande, 40 cm di lunghezza ed un metro di apertura alare, ha un volo molto silenzioso grazie alla sfrangiatura del suo piumaggio.

Di solito si avverte la sua presenza ascoltando il tipico canto un "U-UUUU" ripetuto più volte del maschio, mentre la femmina emette un verso più simile alla Civetta.

Allocco è un'espressione spesso usata per indicare una persona poco sveglia. Effettivamente di giorno ha l'aria un po assonnata e poco reattiva, forse questo ha ispirato questo modo di dire.

In realtà si tratta di un micidiale predatore, molto efficace nella cattura dei roditori, svolgendo quindi anche una attività di controllo della loro espansione.

In questo libro voglio raccontare quella che è stata la mia esperienza con questo bellissimo rapace.

Venti anni fa ho voluto piantare un piccolo bosco di eucalipto di circa un ettaro a 500 metri da casa.

Negli anni ho posizionato sugli alberi varie cassette nido dove hanno nidificato Upupe, Storni e Cinciallegre. Da tre stagioni anche una grande cassetta dedicata all'Allocco è agganciata ad uno dei tanti eucalipto. I primi due anni non ci sono stati risultati, ma alla terza stagione è avvenuta una interessantissima nidificazione, che mi ha dato la possibilità di fare molte fotografie e riprese a questa bellissima specie.

Di fianco il bellissimo maschio posato su un albero poco distante dal nido, sorpreso in pieno giorno il 25 Aprile.

Nell'immagine a destra ancora un ritratto dello stesso esemplare. Questo è uno scatto di mio figlio Francesco, stavamo facendo un appostamento nel bosco e ci siamo imbattuti in questo bellissimo rapace dalla livrea marrone rossiccia. Quel giorno abbiamo iniziato a capire che probabilmente nella grande cassetta nido era in corso la nidificazione dell'Allocco. La cassetta è posta a circa 30 metri dal capanno, sta li da tre stagioni e a parte un tentativo del primo anno, fino a quel momento non era stata ancora utilizzata.

In questo scatto ha una postura un pò insolita, ma in realtà lo scatto ha immortalato l'attimo prima dell'involo, quando il rapace si appiattisce per darsi poi uno slancio.

Questo esemplare ha cantato più volte emettendo un "U-UUU", facendoci capire che si trattava del maschio.

In questo scatto si vede la femmina sorpresa da lontano posata su di un eucalipto poco distante dal nido.

Ancora un bello scatto del maschio posato sul tronco di pioppo caduto per il maltempo. In questo scatto si possono notare gli artigli delle zampe, sono molto grandi e forti, rendono questo rapace molto efficace nella caccia

Nei giorni successivi ho osservato più volte il maschio in canto, in questo caso cantava verso mezzogiorno su di un albero proprio davanti al capanno. Gli Allocchi hanno una livrea variabile tra il grigio e il bruno rossiccio, con tante sfumature intermedie. Questo maschio presenta un piumaggio perfetto tendente al marrone rossiccio.

Quando il maschio cantava, di tanto in tanto si sentiva la femmina rispondere, ma non si capiva bene da dove provenisse la risposta, poi un giorno si è affacciata dalla cassetta nido, confermando che la nidificazione era in corso.

Avrei potuto fare un'ispezione al nido, ma non me la sono sentita di rischiare un incontro con l'adulto in cova e disturbare quindi la riproduzione. Ho preferito aspettare e nel frattempo ho messo una fototrappola a raggi infrarossi per monitorare le attività notturne. In questo modo ho potuto osservare vari arrivi degli adulti con le prede, che mi hanno confermato il buon proseguimento della cova. Nell'immagine sottostante una immagine delle 04:21 di notte.

Tutte le sere andavo a vedere cosa aveva registrato la fototrappola e poi la rimettevo al suo posto sull'albero di fronte al nido.
Una sera mentre mi avvicinavo come al solito, mi accorsi che un piccolo stava affacciato all'ingresso della cassetta. Era la prima volta che ne osservavo uno, mi sono avvicinato lentamente con discrezione, lui è rimasto un pò li e poi è rientrato.

Pur essendo un giovane di poche settimane di vita, ha già una bella taglia, occupa metà dell'ingresso della cassetta nido.

Dopo circa un mese dai primi avvistamenti, finalmente si stava manifestando il risultato della nidificazione dell'Allocco. Un bellissimo giovane con ancora il piumino si affacciava al nido tutte le sere.
Ero molto impaziente di sapere cosa ci fosse all'interno della cassetta, ma l'unica cosa che potevo fare era quella di aspettare ancora un po.

E' ancora piccolo, ma già si vede la tendenza del piumaggio al marrone e non al grigio.

Nonostante la giovane età è veramente impressionante come siano già molto sviluppati gli artigli.

Questo giovane sembra scrutare il mondo che lo aspetta.

Dopo tre giorni i piccoli hanno lasciato il nido, si sono posizionati sugli alberi a circa venti metri di distanza, uno ha il piumaggio decisamente marrone.

L'altro giovane è un pò più piccolo ed ha un piumaggio tendente al grigio.

In quest'altra immagine uno dei piccoli si è spostato su un piccolo pino nato spontaneamente in mezzo agli eucalipto.

I due piccoli si sono involati alla fine di Maggio e si sono posizionati su due alberi del bosco proprio davanti al mio capanno, ho fatto varie foto e filmati pensando dove fossero gli adulti. Improvvisamente mi sono accorto che in realtà c'era qualcuno che mi stava osservando da almeno un'ora, era la femmina della coppia di Allocco. Se ne stava appiattita al tronco di un eucalipto a meno di venti metri per meglio mimetizzarsi. In effetti io non l'avevo proprio vista, ero uscito anche un paio di volte dal capanno pensando chissà dove potevano stare gli adulti che non vedevo, invece era lei che stava osservando me, a quel punto ho fatto finta di niente e me ne sono andato lasciandola là di guardia.
Trovo che sia fiera e bellissima, non avevo mai visto uno spettacolo del genere.

Nei giorni successivi sono andato di nuovo al bosco per fare qualche osservazione, ma non c'era nessuna traccia ne dei piccoli ne degli adulti, probabilmente si sono dispersi nel territorio circostante. Sono proprio molto contento, la riproduzione è andata a buon fine, speriamo che l'Allocco diventi un abitante stabile del boschetto vicino casa.

In questa foto un bellissimo ritratto del primo Allocco avvistato in questi quaranta giorni. Si tratta del maschio che ha iniziato questa storia con le sue apparizioni e i suoi canti. Adesso che la famiglia si è spostata disperdendosi nel circondario, è ancora lui che come a chiudere questo racconto la sera al tramonto emette il tipico richiamo "U-UUU" quasi a salutare la notte che arriva.
Speriamo di incontrarlo di nuovo il prossimo anno.